[西] 贝林·加科瓦·马丁 / 著
李沛姿 / 译

YOU YISI DE BAIKE ZHISHI KETANG

有意思的百科知识课堂

天文学

北京时代华文书局

目录 contents

本书中“想一想，做一做”板块建议在保证安全的前提下，由家长指导进行。

回答 是！

回答 不！

回答 也许……

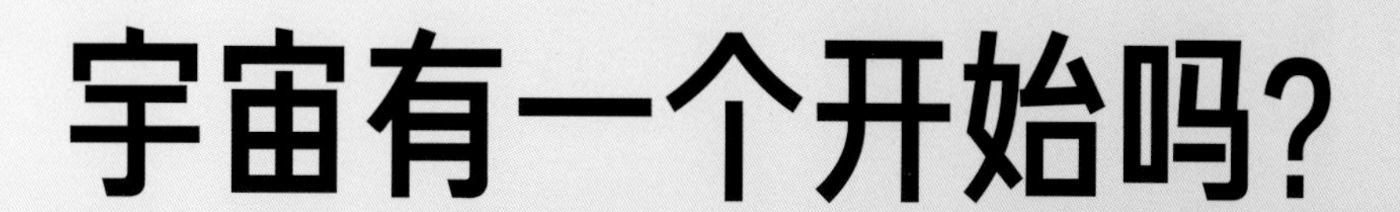

宇宙有一个开始吗？

宇宙非常大，它包括我们可以触摸、感觉、测量，甚至我们能想到的一切。宇宙里面有行星、恒星、尘埃云，还有你。

第一秒钟

大爆炸

许多科学家们说，宇宙是发生了“大爆炸”之后形成的，从那以后，它就一刻不停地变化着。在你读这本书时，它依然在变化着。你可以认为它从一点开始膨胀，然后就一直处于膨胀状态，从未停止。

中子

质子

大爆炸之后，宇宙开始像气球一样膨胀，并在短短一秒钟内产生了巨大的辐射和被称为“夸克”的粒子，夸克聚在一起形成了中子和质子。

中子和质子开始聚集在一起，形成了宇宙中第一批元素的原子核：氢、氦和少量的锂。

第一分钟

在最初的30多万年中，温度下降了许多，物质开始聚集在一起，并形成了第一个原子。

最初的那些年

星星的诞生

在地球上，你可以在天空中看到成千上万的恒星和星团，它们组成了我们的银河系。宇宙中还有许多其他的星系，它们会运动，并渐渐远离彼此，之所以会这样是因为它们之前曾靠得非常近。因此，我们通常认为宇宙有一个开始，就像一个起点。

回答

是！

想一想，做一做

你需要……

- 1个大气球
- 1个夹子
- 1支记号笔

宇宙膨胀

1. 稍微给气球充一点气，然后用夹子夹住气球口，以免空气逸散。在气球上点上许多小点，代表宇宙中众多的星系，如果你愿意，可以在其中一个点上标记一个G，代表我们的星系。
2. 现在，给气球充更多的气：你会发现这些小点之间的距离变得更大了。
3. 等气球完全充满气后，在气球口打个结。在这个过程中，你将看到小点之间的间隔如何一点点扩大。这就是不断膨胀的宇宙中正在发生的事情。

我们可以看到宇宙中的一切吗？

人类如今已经了解很多关于宇宙的事，但我们一直力求知道更多，可惜的是有时候有些问题很难得出一个确切的答案。当我们问天文学家们宇宙由什么构成时，情况就是如此，他们可以给出很多答案，却没有统一的具体答案。

古希腊人给了我们线索

很久很久以前，古希腊人就得出了这样的结论：自然界中存在四大基本元素。相信你应该也听说过类似的事情：空气，没有它，你将无法呼吸；水，是孕育生命的必要条件；火，可以传递热量和能量；土元素则将其他三种元素结合在了一起。

“四元素说”在欧洲持续了很长一段时间。后来有些哲学家开始主张宇宙是由无数不可见的小粒子组成，万物都可被分割成更小的部分。各式各样的想法最后形成了“原子论”。今天我们知道，宇宙的构成还要复杂得多。

重子物质

原子构成了所有的星系、恒星、行星与地球生命，甚至我们自己！我们可以直接观测到这些物质。科学家把这些物质都称为重子物质。

暗物质

科学家们认为，宇宙中还存在很多看不见的“暗物质”。他们提出了许多可能，一些暗物质可能是某些跑得快而几乎没有质量的微中子，但大部分暗物质应该是运动缓慢的“冷暗物质”。这些冷暗物质可能是某种弱作用大质量粒子（WIMP）、轴子（据说是根据某种强力清洁剂而命名）或是大爆炸时诞生的小黑洞。不过至今仍没有定论。

暗能量

爱因斯坦当初为了维持宇宙稳定，而在引力场方程中加入一种宇宙常数，来产生斥力抗衡引力。后来科学家们发现，除了引力之外，宇宙中必定有一些类似宇宙常数的效应会产生斥力。科学家们便以“暗能量”来称呼这种未知的东西。

看得见和看不见的

现在科学家们已知，恒星与星系这些我们看得到的物质只占了宇宙总质能的5％，宇宙中有1/4 是所谓的暗物质，而剩下将近3/4 都是暗能量。但是暗物质与暗能量到底是什么，科学家们仍然在寻找答案。

想一想，做一做

你需要……

- 1个玻璃罐
- 水
- 颜料：浅蓝色、深蓝色和红色
- 小勺子
- 棉花
- 星星形状的闪片和闪粉

玻璃罐中的宇宙

1. 在玻璃罐中倒入水和两滴浅蓝色的颜料，用勺子搅拌；然后添加一点闪粉和星星闪片，再次搅拌；最后，放入棉花，这是吸收所有水分的必要方法。完成第一层的制作。
2. 第二层重复整个过程。
3. 开始创造第三层，这一次把浅蓝色颜料换成深蓝色的颜料。
4. 最后用红色颜料制作第四层。你现在已经把宇宙装进了玻璃罐中，其中还包括暗物质！

宇宙在持续增长吗？

埃德温·哈勃用一台大型望远镜证实了宇宙正在膨胀和成长。他看到一些星系正在彼此远离，就像随着烤箱中面包的膨胀，面包上装饰着的水果块会越离越远一样……分离的速度很快！

时快时慢

宇宙似乎还在继续膨胀，但是它不总以相同的速度膨胀。很像我们人类的成长发育过程，当我们还是婴儿时，我们在很短的时间内长大，改变了很多，后来我们的成长速度慢了下来，然而突然从某一天开始我们又快速成长，之后再慢下来。

宇宙

我们

希望宇宙成长得慢一点……

成长得太快不是好事，因为星系之间的距离越来越大，我们会越来越难看到它们。

想一想，做一做

你需要……

- 1个大盘子
- 1支圆珠笔
- 细绳
- 胶带
- 橡皮泥
- 衣服夹子
- 1个塑料袋
- 1把剪刀

一个降落伞

1. 把盘子扣在塑料袋上，沿着盘子的边缘画一个圆圈，然后把它剪出来。接下来，剪出8段细绳，每一段细绳的长度必须是圆的半径的三倍。
2. 用剪刀在塑料袋剪出的圆形上靠近边缘的位置开8个孔，孔与孔之间距离大致相同，为了做到这一点，可以把圆对折三次，然后开孔。在每一个孔中穿一根细绳，用胶带固定。
3. 用橡皮泥把衣服夹子和8根细绳固定在一起，降落伞就完成了。站在凳子或者滑梯顶部，把降落伞向天空抛掷，观察它如何降落。

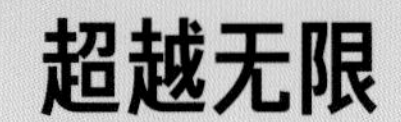

超越无限

暗能量是一点一点吞噬宇宙的阴影（它已经占据了宇宙的四分之三）。但是，人们认为即使它变得越来越大，也永远无法摆脱引力的作用。引力使我们能用脚踩在地球上，而不是飘起来，甚至飘到太空去。星系之间也存在着这样的引力，这使它们不断尝试着靠近彼此，所以我们永远不会失去光明。

回答

是！

光存在吗？

我想你应该不止一次看过天色如何变亮，也一定会在离开房间的时候关上灯。光是我们不可能触摸到的东西，我们只能感觉到它：它让我们能看清楚万事万物，它是一种我们可以感知到的能量。

想一想，做一做

你需要……

- 一次性盘子（硬纸壳或塑料材质的盘子）
- 最喜欢的颜色的颜料
- 刷子
- 1张白纸
- 剪刀
- 胶水
- 1支铅笔
- 1支黑色记号笔

日晷

1. 用刷子和颜料给盘子的边缘画上装饰花边。把纸剪成比盘子小一点儿的圆作为时钟的表盘，用黑色记号笔在纸上标出小时数。完成后，用胶水将纸质表盘粘到盘子上。
2. 用剪刀在纸质表盘和盘子的中央打一个洞，然后在刚打的洞中放些胶水，插入铅笔，握住它，在胶水彻底变干以前保持不动。日晷制作完成。
3. 把日晷拿到外面，放在阳光普照的地方。观察位于日晷中心的铅笔的阴影的位置：它负责报时！

光源

我们周遭有许多光源，你可以通过光源观察光。光源可以是自然界中原本就存在的，比如太阳，也可以是人造出来的，如灯泡。我们能看到本身不发光的物体，如桌子，其实是光的反射作用——光源发出的光落在物体上，被物体反射到我们的眼睛里，我们就能看到物体了。

巨大的烤箱

太阳是一个充满能量的球，它可以在短短一秒钟内燃烧掉大量的气体，这正是它总那么热的原因！太阳的中心有数百万乃至上千万摄氏度，比你发高烧时的温度高得多。通过燃烧，太阳将氢转化为氦，从而产生新的原子，就像你发烧时会出汗，以此除去对身体机能有害的东西一样。

太阳距离我们有149600000千米！

大天体：太阳

要维持地球上的各种生命形式，就必须要有太阳的存在：因为它，我们有了光、热、日夜、天气、季节……太阳如此重要，没有它我们就不会存在，它让万物正常运转。

回答

是！

光和物体

透明物体

光可以穿过透明的物体，所以我们可以清楚地看到这些物体后面有什么。

玻璃

不透明物体

光不能穿过这一类物体。

木头

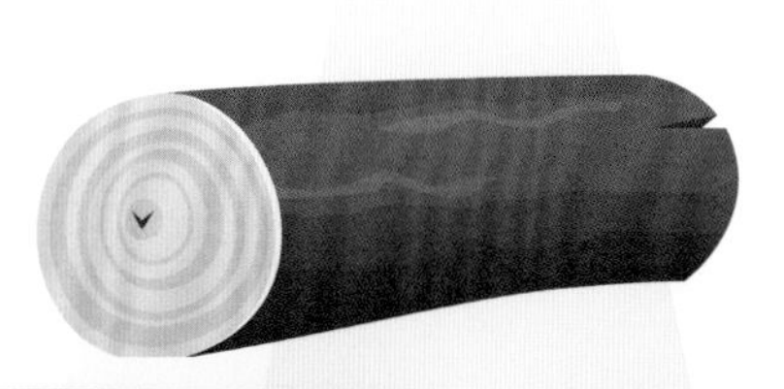

半透明物体

光穿过这一类物体，但我们无法很真切地看清它们后面有什么，我们只能感觉有光透出来。

油

我们可以直接看向太阳吗?

当月球位于地球和太阳之间时，我们看不到太阳的光亮，我们把这种情况称之为日食。如果你想白天仰望天空看太阳，你必须戴上特殊的眼镜；但当夜晚降临，太阳落山，天空变暗，并出现繁星，动物们都回到巢穴准备睡觉时，你望向天空就没有问题了。

1

日全食

太阳完全消失了！如果幸运的话，你会经历新奇的体验：本来你所在的地区烈日当头，可忽然之间一片漆黑。

我们只能在地球上看到日食

人类很幸运能够看到这种自然现象。因为在太阳系的其他任何地方都看不到日食，在地球上也不是所有地方都能看到日食，只有月球能投下影子的区域可以看到，因此喜欢看日食的人有时必须长途跋涉去特定的区域观赏奇观。

一年两次

全球范围内，每年至少有两次日食，但是大部分都是日偏食。日食发生的时间都是在朔日（农历的每月初一），但并不是每个朔日都有日食发生。

日偏食

月球稍微遮住了太阳的一部分。如果你戴了护目镜，那么你就可以观看日偏食了，你会发现太阳就像是被咬了一小口的饼干。

日环食

当月球距离地球最远时，它看起来比平常小很多，若此时发生日食，太阳看起来会像是一个闪闪发光的指环。

月球如何遮住太阳?

太阳的直径是月球的400倍，但日地距离也是地月距离的400倍，所以从地球上看到的月亮和太阳几乎一样大。

想一想，做一做

你需要……

- 几张蓝色厚纸
- 几张红色彩纸
- 1把剪刀
- 1个胶棒
- 1支铅笔
- 1把直尺
- 1支黑色彩笔
- 1个圆规
- 1根橡皮筋

可以直视的日食

1. 用直尺在蓝色厚纸上量出12个大小相同的长方形，然后用铅笔将裁剪线标出来，再将这些长方形整齐地裁下来。
2. 用圆规在红色的纸上画出12个大小相同的圆（圆的直径要小于长方形的宽），再将这些圆剪下来。
3. 用胶棒将圆依次粘到每一个蓝色的长方形上面。需要注意的是，这些圆都要粘在相同的位置上。
4. 用彩笔在红色的圆上画阴影。第1个圆上不涂阴影，代表完整的太阳。第2个圆的靠右部分画一条弧线，形成一个近似椭圆形，并涂成黑色，代表日食刚刚开始。第3个圆黑色部分再大一些。第4个圆的黑色部分比第3个再大一些。第5个圆的黑色部分比第4个再大一些。以此类推，到了第12个圆时，整个圆都涂成黑色。
5. 将长方形卡片按照正确顺序排列，然后用橡皮筋将所有卡片固定在一起。
6. 用左手握紧卡片本，然后用右手的拇指快速地翻阅，这样你就会看到日食发生的过程啦。

光移动得快吗？

你应该已经知道了光是纯能量，但它并不会停滞不前，它一直在运动，从一点向另一点移动着。

我们以光年作为长度单位

想象一下你正在开赛车，那速度一定很快，对吧？但是，如果我们将赛车的速度与光的传播速度进行比较，情况就是，你的车速犹如乌龟一样慢。光在一秒钟内的移动距离约30万千米。为了让你有个更清晰的概念，你可以这样理解：光可以在一秒钟内绕地球将近10圈。于是科学家们用光年表示天体间的距离。光年指光在真空中一年走的距离。

光波移动

光在太空中传播，就像波浪一样。你可以尝试将石头扔进河里，你会看到当石头撞击水面、落入水中，会激起一圈圈波纹，这是由能量造成的，水通过波的形式把石头的能量吸收并扩散出去。光是一种能量，由被科学家们称为光子的东西组成。我们如今知道光子能在恒星的中心产生，以光的形式，像波浪一样传播。

万花筒

你需要……

- 1个卫生纸筒
- 装饰胶带
- 颜料和刷子
- 胶带
- 铝箔
- 2张白卡纸
- 剪刀
- 记号笔或小贴纸
- 可以弯折的吸管

1. 按照你喜欢的样子，用漂亮的装饰胶带和颜料装饰卫生纸筒外部。
2. 将铝箔粘贴在一张白卡纸上，将其剪成三个相等的矩形，在每个矩形周围留出一些用来粘贴的空间，就像衣服的包边一样。将三个矩形的长边依次相连粘成一个三棱柱，铝箔的一面朝内。然后将其塞入卫生纸筒中。
3. 在另一张白卡纸上剪出2个圆，圆的直径略大于卫生纸筒的直径，在圆的中心各开一个圆孔，一个作为观察孔，一个作为穿入吸管的孔。用记号笔在这些圆上画上星星、心形、螺旋形……或者贴上装饰贴纸。
4. 先把一个圆固定在卫生纸筒的一端，作为观察孔。然后把吸管穿过另一个圆的孔，留出一截可弯折的部分，把圆固定在卫生纸筒另一端的外部，吸管如同一个轴心，圆可以绕着其旋转。接下来对着灯光，用手旋转圆圈。你就有万花筒了！

太空中的距离

宇宙是巨大的，天体或者星系之间的距离非常遥远，远到难以用千米或者米来表示这个距离，比如距离我们最近的一个较大星系仙女座，它和我们之间的距离约为24000000000000000000千米。这可是2400亿亿千米啊！这么庞大的数字，这么多个“0”，肯定让你感到晕头转向！所以我们用光年来表示天体或者星系之间的距离，就仙女座而言，它距离我们大约250万光年！

太阳是矮星吗？

你已经知道了太阳是一个巨大的散发着热量的球体，不断发光发热，太阳系所有行星都围绕它转动，而且它还会自转。它是太阳系的中心。如果在雾气弥漫的早晨，你可以肆无忌惮地看向太阳，那时的它是一个模糊的光圈，没那么刺眼！

我们去兜风吧！

想象一下，你乘坐一艘能够承受所有级别热量的宇宙飞船……你乘着它去太阳那边兜一圈，只有一圈，这就需要你花6个多月的时间！而且这还是按照最理想的情况——宇宙飞船以远超过目前允许的最高速度行驶——计算出来的结果，事实上根本无法达到这个速度。

你需要……

- 1个大头针
- 1张硬纸板
- 1张白纸
- 1把尺子

测量太阳的直径

1.在测量之前，请务必记住，永远不要直视太阳！

2.用大头针在硬纸板的中心开一个孔，然后高高地把它举起来，确保阳光可以穿过该孔，照射到白纸上。举起来的纸板和白纸间的距离大约为1米，这样可以得到更大的太阳光点。如果需要，请向成年人寻求帮助。

3.现在，请一位朋友测量白纸上的光点的直径以及纸板上的孔和光点之间的距离。得到数据后，代入下列公式进行计算：

$$\frac{\text{白纸上的光点的直径}}{\text{太阳直径}} = \frac{\text{纸板上的孔到光点的距离}}{\text{149600000千米}}$$

（地球和太阳之间的距离）

比较

根据各种比较，你应该已经可以得出结论：太阳非常大。但是科学家们并不这么认为，因为他们把太阳和其他恒星进行了比较，他们认为太阳是一个矮星，是一种体积比较小的恒星。

心宿二（天蝎座α星）

天蝎座中最亮的恒星，直径是太阳的530倍。

参宿四（猎户座一等星）

它位于猎户星座。经过测量和分析，科学家们得出的结论是，如果我们把这颗星改为太阳，把它放置在太阳系的中心，那么水星、金星、地球和火星的轨道将统统消失！

造父四（仙王座μ星）

它呈深红色，直径大约是太阳的1500倍，非常大！

太阳

它看起来仍然十分巨大

为了抵达太阳，你也许要花一个多世纪，可见它有多么遥远了。可即便我们之间的距离如此遥远，太阳看起来仍然很大，不是吗？这是因为太阳非常宽，直径可达140万千米。如果太阳是个容器，那么它可以容纳100万个像地球这样的行星。

非常遥远

太阳离我们大约1.5亿千米。这是什么概念呢？如果你乘坐一辆飞行汽车，汽车以每小时170千米的速度行驶，你需要花100多年才能到达太阳！

回答

是！

恒星是不死的吗？

为了生存，恒星需要燃烧燃料，因此它们一直在寻找能量。科学家们发现，恒星会发出特别的噪声，这些噪声透露着它的年龄、大小、形成的材料和燃烧的方式。

关照恒星的身体

我们不能直接听到恒星发出的噪声。不过天文学家们如今有一些先进设备，已经能让他们捕捉到地球和其他天体的震动了，就像医生用来听心跳的听诊器一样。天文学家们把这类设备称之为射电望远镜。

砰

砰

砰

回答

是！

恒星燃烧什么？

一些恒星可以燃烧碳、氧和氖等气体，但大多数恒星，例如太阳，会燃烧氢气，并将其转化为氦气。当它们当前的燃料（例如氢）用完时，恒星会开始燃烧另一种燃料（例如氦），并开始膨胀，逐渐变成红巨星。

好严重！

科学家们认为，太阳尚未成为红巨星，但是如果它成了红巨星，它会在50亿年之内吞没太阳系中许多的行星，包括地球！

超新星

红巨星

砰！大爆炸

有些恒星膨胀到一定程度时，它们就会爆炸，形成超新星。超新星爆发瞬间产生的光亮，往往超过它所在星系的所有恒星的总和。科学家们很难看到它们，因为这种情况大约每五十年才发生一次，不过一旦发生，科学家们就可以在接下来的几个月中观察到它的光亮。

想一想，做一做

望远镜

你需要……

- 厨房用纸里的长纸筒
- 装饰胶带
- 薄纸板（饼干盒或者谷物盒）
- 铝箔
- 胶水
- 剪刀
- 尺子

1. 用装饰胶带装饰长纸筒。在纸筒的一端剪出两个对称的、约为2厘米深的凹槽。
2. 用薄纸板剪出一个6 x 6.5厘米的矩形，在矩形的中心剪出一个正方形，这样就有了一个空心框架。把铝箔剪成大小相仿的正方形，贴在框架的中心位置上面，形成一个类似于幻灯片的东西。
3. 选择一个星座，并按照这个星座中星星的分布在铝箔上打孔。把幻灯片插入凹槽，现在就可以透过纸筒完好无损地观看星星啦！

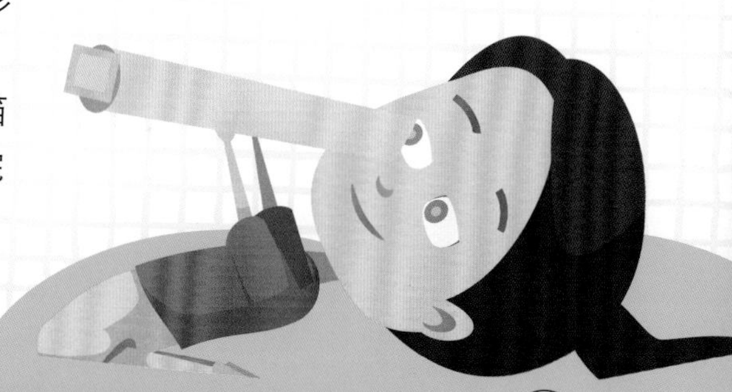

恒星会消失殆尽吗？

当一个亲人离开我们时，我们会保留他的照片怀念他，我们还可以去拜访他的旧友，一起回忆在一起时的美好时光……一颗恒星也会消失殆尽，永远离开我们吗？

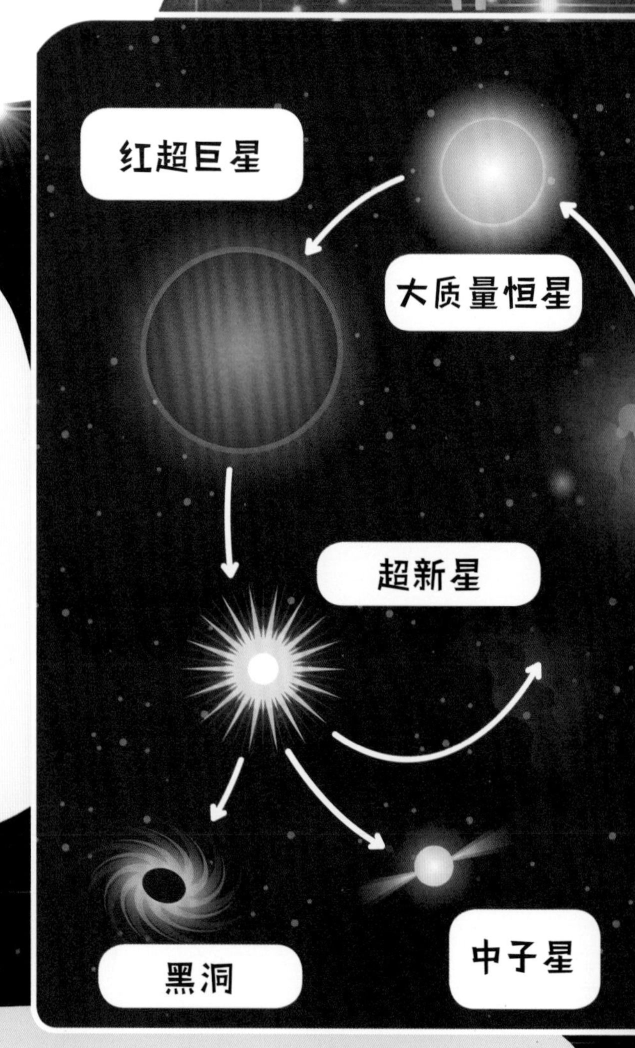

永远与我们同在

我要告诉你一个秘密：恒星不会彻底离开我们，总会给我们留下些什么。有一些恒星会变成另一个等级的星，有一些会发生爆炸并在宇宙中留下痕迹，这些痕迹需要很长很长时间才能消失。一颗恒星会变成新的星还是爆炸，取决于组成它的物质。

黑洞

有一些非常大的恒星，一点一点地燃烧着它们的燃料，当它们的燃料消磨殆尽时，它们会发生剧烈爆炸，这个阶段的恒星被称为超新星，超新星最终可能会变成黑洞，黑洞是太空中最奇怪的物体之一。

漫长的一生

恒星的寿命很长，它们长得越小，寿命就越长。当它们几乎没有燃料时，它们会继续发光很长一段时间，变成科学家们所说的白矮星，它们冷却的速度非常慢，可能要成百上千万年才能彻底熄灭。

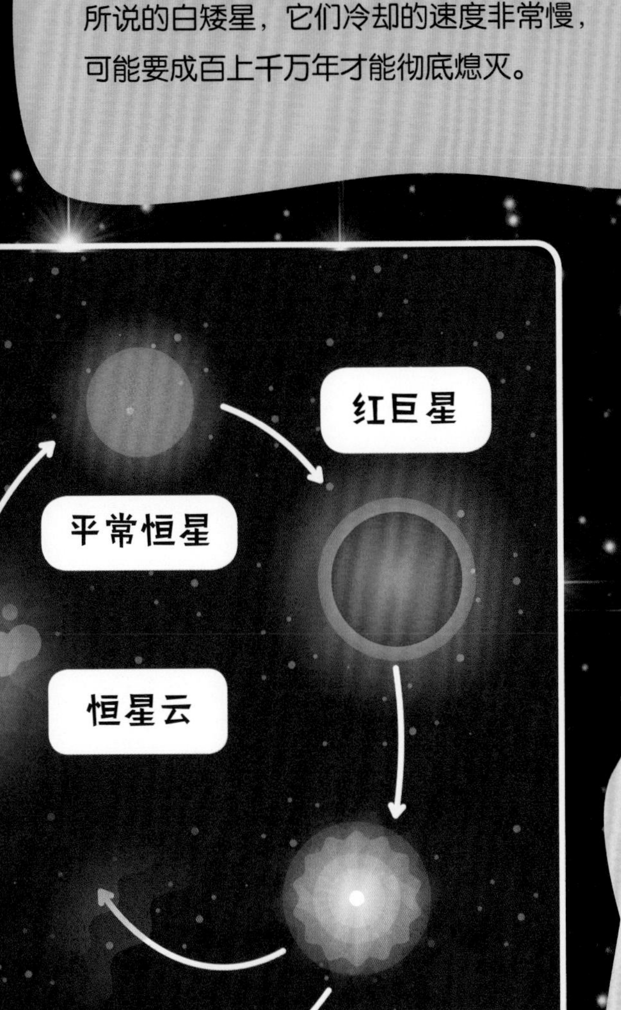

想一想，做一做

你需要……

- 1个盘子
- 水
- 蓝色食用色素
- 食用油
- 牛奶
- 滴管

盘子里的星星

1.在盘子上放上水和色素的混合物。小心地在混合物上倒一层食用油。

2.利用滴管将少量牛奶滴入盘子，你将看到牛奶滴在油上逐渐形成一幅美丽的星图。现在盘子里就有了各种大小不同的“星星”，就像宇宙中的繁星一样。

回收恒星

恒星生生不息，因为它们会不断地将自己创造的物质扔到太空中，太空不会浪费这些物质，它会把一切加以利用，创造新一代恒星。

回答
不！

从矮星到巨星

有一些恒星是红矮星，它们会逐渐熄灭，等它们没有燃料并开始燃烧氦气时，它们会开始成长，变成红巨星，然后逐渐形成我们称之为“行星状星云”的云。

星星只在晚上出来吗？

在白天，你可以看到湛蓝的天空或者密布的乌云，可以看到流动的云朵和太阳，甚至还可以看到一点点月亮，但是星星哪儿去了呢？

就像房间里的灯一样

如果你在光线充足的地方开灯或者打开手电筒，你会发现你几乎注意不到它们发出的光，你根本不需要它们。这和星星的情况非常相似，白天时，星星其实也悬在天空中，但是太阳的光芒如此闪耀，以至于我们都无法看到它们。

日出和日落

如果你在太阳升起或太阳落山时仔细观察天空，你就能看到白天时看不到的星星，因为在这些时候太阳的光线很弱，所以我们就可以看到其他恒星了，甚至还能看到一些行星，比如金星，当它在早晨出现时，我们通常管它叫启明星，而当它在傍晚出现时，则被称为长庚星。

更好的观星点

城市里的灯光让我们在许多时候很难看清星星，如果我们想要观星，最好要到远离城市的乡下去，远离科学家们所说的“光污染”，光污染就是我们平时所用的人造光源：路灯、广告牌、住宅灯光和商店橱窗的灯光等。

太阳躲起来了

日落时分，太阳消失在地平线下，天黑了。伴随着日落，夜晚拉开帷幕，开始了地球上最经典的表演：群星闪耀。乍一看，我们可以数出几千颗星星，但实际上，夜空中有成百上千万颗星星。

想一想，做一做

你需要……

- 铝箔
- 剪刀
- 硬纸壳
- 打孔器或类似的物品
- 银色记号笔
- 1个玻璃罐
- LED灯
- 胶水

星光灯

1.剪下一块铝箔，把它放在硬纸壳上。请一位成年人帮忙，用打孔器在上面打出星座图案。

2.打完星座图案后，用银色记号笔将代表星星的孔都连起来。小心地把铝箔卷起，把它插入玻璃罐，然后用胶水将其固定在玻璃罐中。

3.把LED灯放入玻璃罐中，事先要确保LED灯小于玻璃罐口，接下来盖上玻璃罐。现在你就有一盏星光灯啦，你只需要待在黑暗的地方就可以看到星光了！

太空中有云吗？

当你望向天空，你经常会看到云朵，它们由成千上万的微小水滴和冰的小颗粒组成，这些小颗粒会随着雨水而落下。这对于地球上的生命体而言非常重要：没有水，我们将无法生存！

星云，来自太空的云

就像我们的天空中有会下雨的云一样，太空中也有尘埃和气体组成的星云，有些星云具有创造恒星的能力：当一颗恒星爆炸时，周围的星云的某些部分开始塌缩，密度增加，温度上升，然后形成我们所说的原恒星，这是恒星形成过程中的最早期阶段。

星云的演变

原恒星

星云

恒星

从原恒星到恒星

一旦星云形成了一个原恒星，它的中心会开始收缩，体积会变小，这导致它的温度越来越高，产生越来越多的能量，然后，砰！它就会忽然变成恒星！

回答

是！

反射星云

发射星云

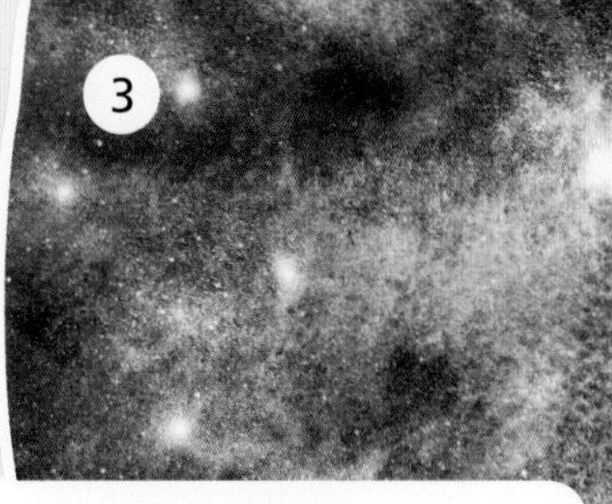

吸收星云

好多种星云！

1.反射星云自己不发光，但是它们可以靠反射附近的恒星的光芒发光。

2.发射星云吸收附近恒星发出的光，导致自身温度升高，从而发光。

3.吸收星云不产生光，因此也被称为暗星云。

4.之所以称之为行星状星云是因为它们的形状像行星，它们是一颗恒星死亡时产生的。

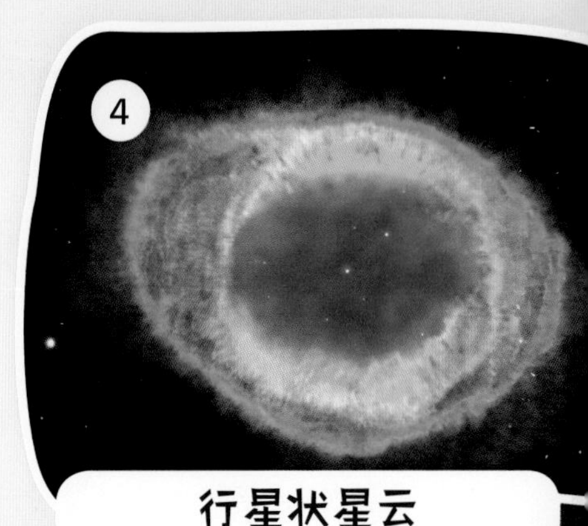

行星状星云

想一想，做一做

你需要……

- 1个瓶子
- 1个杯子
- 水
- 食用色素或织物染料
- 铅笔
- 棉花
- 闪粉

瓶中的星云

1.从内到外清洗瓶子，并把它晾干。在瓶中注入三分之一的水，混入染料或色素。用铅笔搅拌水和染料，让它们充分混合。

2.在瓶中放一点棉花吸收水分。用铅笔向下压棉花，确保所有棉花全部浸入染料中。在上面撒上一些闪粉；盖好瓶子，剧烈摇晃瓶身，让里面的东西充分混合。

3.再打开瓶子放入一点棉花，形成第二层。在杯子里面混合水和染料或色素，然后把混合物倒在第二层棉花上，在上面撒上闪粉，用铅笔搅拌。如法炮制第三层，甚至更多层，直到瓶子被装满为止。完成品一定漂亮得惊人！

太空中有洞吗？

在宇宙中存在黑洞，这些地方吞没了周围所有的一切。不过天文学家们说因为从没有人看到过这些太空中的洞，所以准确来说不能管它叫“黑”洞。直到2019年4月，天文学家们发布了首张黑洞图像。

想一想，做一做

你需要……

- 卡纸
- 铅笔
- 彩色记号笔
- 黑色的蜡笔
- 棉花

3D黑洞

1. 在卡纸上画草图。先画一个半圆，这是一个能营造幻觉的草稿，它虽然实际上是二维平面的，但一会儿你将看到三维立体图像。从半圆的中心位置开始向外绘制弯曲的扩散的轨迹。
2. 用记号笔描画草图上的曲线。然后用铅笔描画出半圆的另一半，这部分的边缘要用铅笔涂出灰色的阴影，然后也画上弯曲的向外扩散的轨迹，并用铅笔在轨迹之间涂上灰色的阴影，可以用纸或者棉花摩擦这些阴影，让它们看起来更模糊。
3. 用黑色蜡笔填充圆圈内部，然后用棉花或者纸摩擦，让颜色晕染。然后闭上一只眼睛观察效果，也可以借助相机观察效果。

奇怪的名字！

科学家们说“黑洞”之所以有这个名字，是因为东西总能掉进去，却很难从中出来，就好像你衣服上有个小洞，你往里面卡入一个硬币，硬币很难被拿出来一样。至于为什么说它是“黑”的，科学家们说那是因为连光都不能从黑洞中散发出去，黑洞如吸尘器一样吞噬一切！

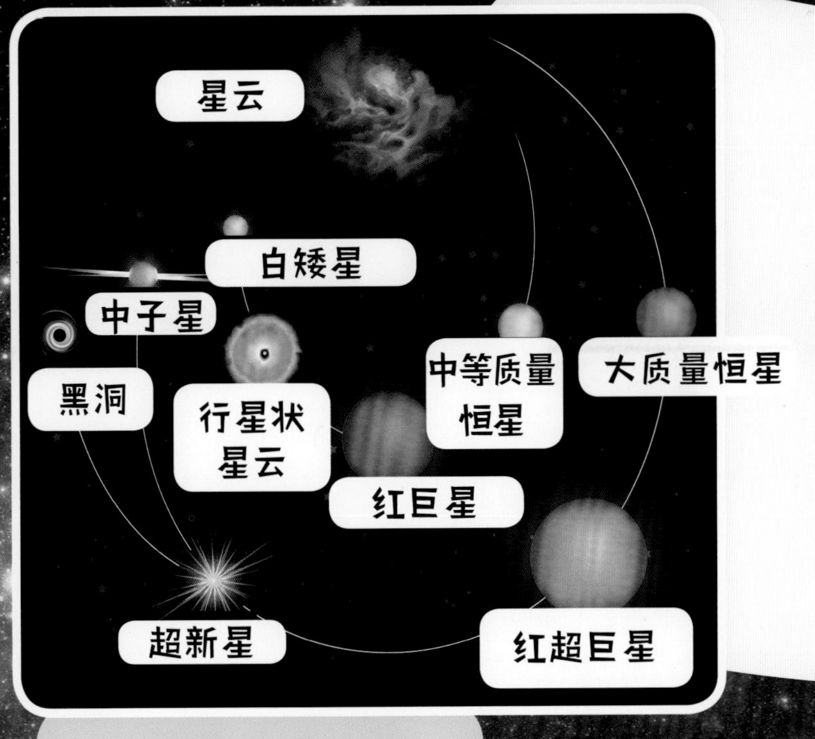

黑洞如何形成?

当一颗大恒星发生爆炸，就可能变成黑洞。一颗活跃的恒星的高温度能使它膨胀，从而保持其自身平衡，但当这颗恒星燃尽了所有燃料并开始冷却时，它便开始塌缩，因为它包含许多物质，物质的粒子间的引力会变得非常强烈，于是就会形成黑洞。

太阳会成为黑洞吗?

不会，太阳这颗恒星太小了。不过谢天谢地，它不能变成黑洞挺好的！

回答

是！

让我们监测一下

我们如何知道黑洞的存在？天文学家们会通过周围天体和物体的情况来判定黑洞的位置。比如黑洞附近的天体会高速掉入黑洞中，产生一种涡流，不断发出强大的X射线，我们地球上有设备可以监测到这种射线，从而发现黑洞的位置。

石头可以从太空掉下来吗？

当你仰望夜空时，大多数时间它似乎都没什么变化，但如果你仔细观察一段时间，你就有可能看到流星或彗星，甚至可以看到流星雨……夜空其实蕴含着许多秘密！

它们没能成为行星……

当太阳系形成时，许多物质保持悬浮状态，它们尚未形成行星。科学家们把这些围绕太阳旋转的岩石称为小行星，从地球上看，小行星就是一个个微小的光点。

糟糕，我坠毁了！

小行星在太空中游荡，它们的数目非常多，但是它们很小，而且彼此距离很远，通常相安无事，但有时候它们还是会发生碰撞或摩擦，由于碰撞产生的冲击力太过强烈，它们会破碎成更小的碎块，如果这时它们恰巧在一颗行星附近，可能会受行星引力的吸引，坠落到行星上。

陨石坑

陨石撞击地球时形成的坑。

陨石

它是一颗落在地球表面的小行星。

回答

是！

流星

当许多来自彗星的尘粒、固体块或微小的陨石受地球引力吸引坠落到地球时，它们从寒冷的外太空进入地球大气层，与大气层摩擦变热燃烧起来，在天空中留下了明亮的轨迹，成为我们所熟知的“流星”。因此，当一颗彗星从地球附近经过时，很容易看到流星。

彗星

除小行星外，太空中还有彗星，彗星是由冰物质构成的，它们中的大多数都很小，彼此之间距离遥远。我们只能在它们朝向太阳的时候才能看到它们，太阳的热量会让彗星的物质升华，变成气体和一条长长的由细尘构成的彗尾，很像沙粒做成的尾巴。

想一想，做一做

带有陨石坑的月亮

你需要……

- 气球
- 胶棒
- 报纸或厨房用纸撕成的纸条
- 几个小纸杯
- 剪刀
- 旧刷子
- 黑色、灰色、白色和珠光的颜料

1. 给气球充气，并用胶棒将纸条贴在气球上，使其被完全覆盖，静置晾干。这是我们的月球模型。
2. 接下来在月球表面制作陨石坑。把小纸杯的底部剪下来，贴在模型上，静置晾干。最后用黑色、灰色和白色的颜料给它们上色。为了获得明亮的质感，可以刷一层珠光颜料。

是小行星让恐龙灭绝了吗？

你已经知道了小行星是绕太阳旋转的大块岩石，因为它们仍然很小，我们尚不能把它们算作行星。当小行星与地球或其他行星碰撞，并掉落到行星上后，我们称其为陨石。

回到过去

6600万年前，当墨西哥还不是墨西哥时，一颗直径10千米的小行星坠入大气层，撞向墨西哥尤卡坦半岛，引起了巨大的爆炸，爆炸产生的灰烬弥散到了整个星球，并产生了遮天蔽日的巨厚云层，导致地球温度骤降，变得十分寒冷，植物凋零，动物死亡，恐龙由于没有了食物，也逐渐灭亡了。

回答

也许……

那是真的吗？

许多科学家相信如此。他们之所以会这样认为，是因为他们发现了一种不属于地球，但属于陨石的物质——铱，且这种物质的年龄与恐龙距今的年龄相同。另外，科学家们还分析了属于恐龙时期的岩石，上面有类似于小行星坠落后的痕迹，所以会得出这样的结论。

想一想，做一做

- 1个鞋盒
- 细沙
- 一些大小不一的石头

制作陨石坑

1.用细沙填充鞋盒。找一块中等大小的石头，把它当作小行星。

2.把“小行星”扔进沙子中，就可以观察到它砸出来的“陨石坑”了。使用不同大小的石头分别扔进沙子中，你会发现不同大小的陨石砸出来的坑的尺寸也不同。

不确定……

不过也有许多科学家指出，恐龙和许多其他生命形式在陨石碰撞地球前就已经消失了，因为地球的温度和海平面一直在下降，不少动物都受到了影响。这和如今发生的事或多或少有些类似，如今气候越来越热，我们的水源越来越少，污染越来越多，这都会导致动物死亡，甚至面临灭绝的危险。

还有其他可能性吗?

还有一些科学家认为，问题不在于陨石的大小以及由它引起的爆炸，而在于它坠落的地方是水很浅的沿海区域。如果稍有偏差，陨石没准儿会直接坠入深海，如果是那样的话，恐龙至今也许仍然存在。

我们知道地球上万物的年龄吗？

我们经常会讲到年份、数字以及时间！如：我们七八岁，我们有15天的假期，明天几点我们要去学校……

调查我们过去的历史

18世纪人类开始在地球内部寻找燃料，希望在那儿获得让机器运转的能量。忽然有一天，我们发现了恐龙的遗骸，然后意识到人类起源的真正历史，与我们自以为的历史可能并不一样……

一颗行星，颠倒了！

你能想象一种海洋动物生活在高山吗？好吧，这就是18世纪的科学家们发现的事情：绝种的动物出现在了不应该出现的区域，这让他们猜想过去的地球和我们所认知的不同。之前他们认为地球和宇宙不过6000多岁，但是如今的种种迹象表明，想要完成这些沧海桑田的变化，至少需要数百万年。

一天：地球自转一周所花费的时间。

一年：地球绕太阳一周所花费的时间。

不仅是地球……

人类登月成功后，从月球带回了岩石进行科学分析。科学家们发现月球和我们的地球的年龄一样。他们还分析了曾经坠落地球的陨石碎片，也得出了同样的结论，这也就是说它们都是同一时期产生的。

分解

从最初的惊奇中缓过来之后，科学家们开始思考如何测量地球的年龄，他们通过不断地尝试，逐渐意识到可以通过分析地球的天然放射性衰变现象来测定地球的年龄。于是他们发现地球是一个非常古老的星球：它的年龄大约是46亿岁。

想一想，做一做

你需要……

- 制作盐面团：
  - 碗和勺子
  - 2杯面粉
  - 1杯细盐
  - 1杯水
- 树叶、贝壳、塑料玩具（恐龙、昆虫或其他动物）
- 颜料和刷子（可选）

属于你自己的化石

1. 首先制作盐面团：把面粉和盐放入碗中。缓慢倒入水，同时用勺子搅拌混合物，等面稍微成形后，可以直接用手搅拌搓揉。
2. 用手把盐面团扯成不规则的碎片。把树叶、贝壳、玩具包进面里，等待面的表面变干（或请成年人帮忙用烤箱把面团烤干）。
3. 等包着树叶、贝壳、玩具的面团彻底干燥后，用颜料给它们涂颜色，并在某些部位描画阴影。

地球一直在运动吗？

太阳白天发光，晚上却不亮；而且，它能让夏天变得炎热，在冬天却不行，这是为什么呢？

地球运动

虽然你几乎注意不到地球在运动，但实际上地球在以两种不同的方式移动和运行：

自转：地球绕自转轴运动。这是一条假想出来的轴，贯穿地球的两极，地球绕着这条轴，像陀螺一样运动。

公转：地球绕着太阳运动。地球一点一点地移动，直到绕太阳一周，其运动轨迹是一个椭圆形。地球绕太阳一周大约需要365天。

转啊转

地球自转一周大约需要24小时。因为地球自转，所以会有白天和黑夜，被太阳光线直接照射的部分是白天，而没被照射的那个部分则是夜晚。

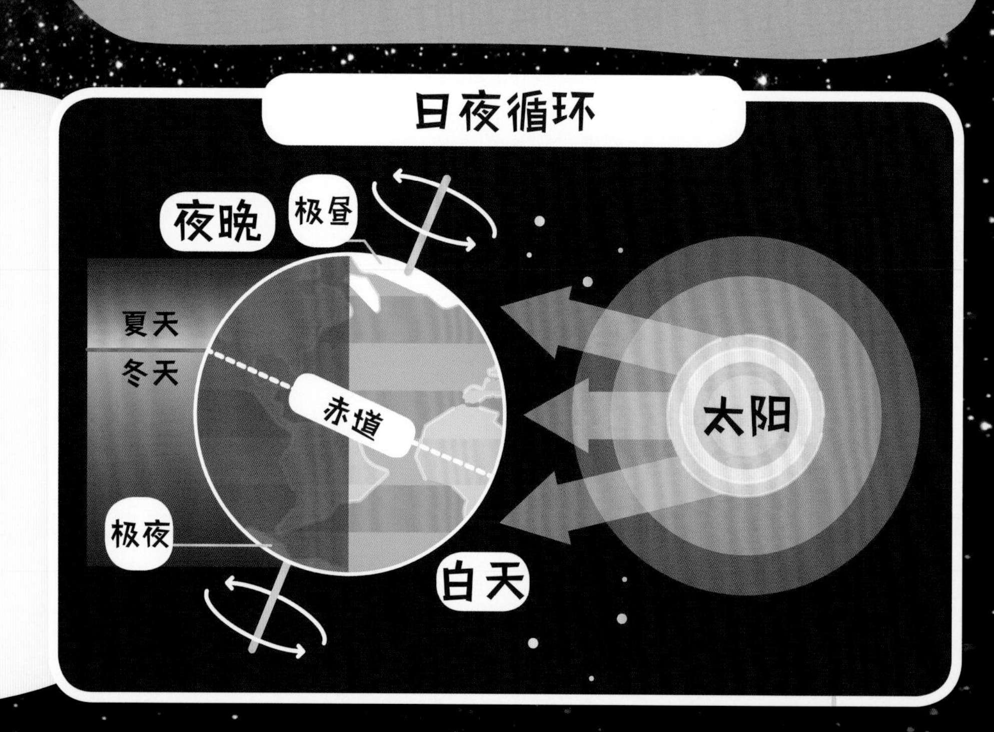

四季

地球的自转轴不会发生变化，它始终处于相同的位置，当地球绕着太阳运动时，太阳的光线不会总是以相同的方式抵达地球，有时候光线的倾斜角度更大，有时候直射，所以地球上会有四季变化。

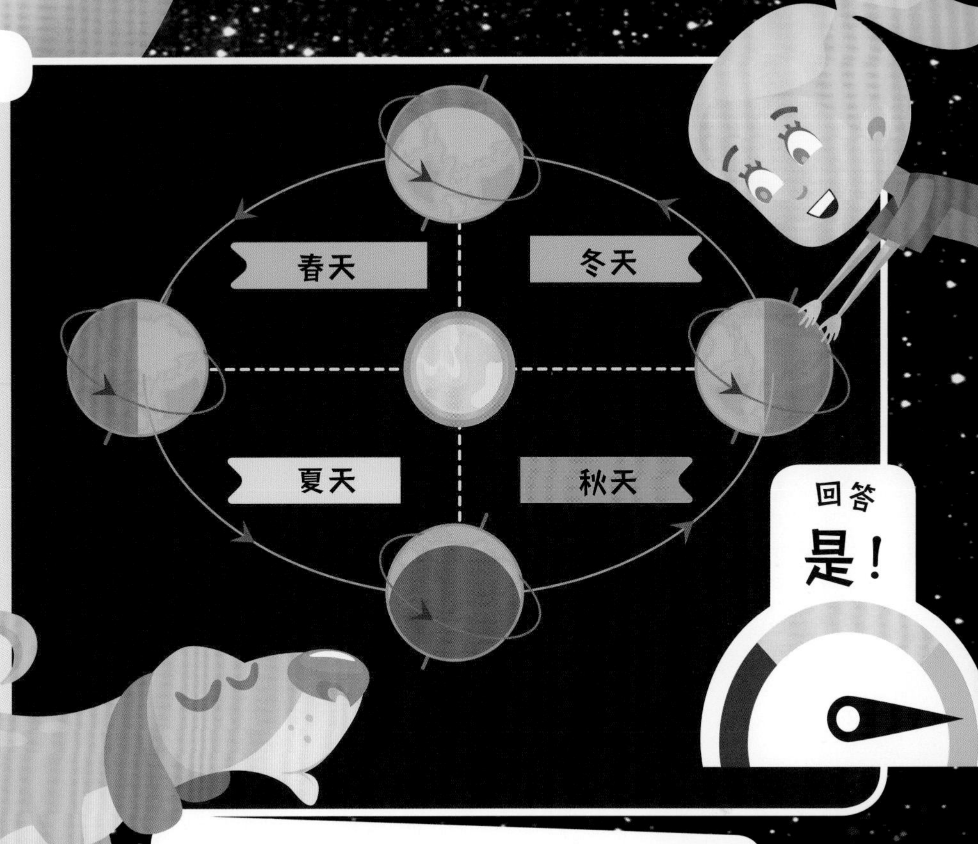

回答
是！

想一想，做一做

你需要……

- 黄色、蓝色和银色的卡片纸
- 剪刀
- 彩色铅笔
- 1块硬纸壳
- 3枚图钉

地球围绕着太阳

1. 在相应颜色的卡片上分别绘制太阳、地球和月球，然后把它们剪出来。注意它们的尺寸。
2. 用彩色铅笔在太阳和地球上涂色。从硬纸壳上剪下两条：其中一条大约长10厘米，用来连接地球和太阳，另一条大约长3厘米，用来连接月球和地球。
3. 在太阳中心打一个孔，然后用图钉把长纸壳条的一端固定在上面，接下来在地球中心也打一个孔，用另一个图钉把长纸壳条的另一端固定在上面。然后用同样的方式连接地球和月球。你可以试着旋转地球，观察地球如何绕着太阳运动。

时间总是一样吗？

我们每天上学、放学、吃饭、睡觉时总要看看钟表上的时间，太空中的时间和我们家里的时间一样吗？

再来一维

把你家的壁橱想象成宇宙，你可以看到里面有3个维度：高度、宽度以及深度。如果你仔细观察，你会发现壁橱在运动吗？不会，对吧？其实，即使你没办法注意到壁橱在移动，它仍然在移动，不过它不是在空间里移动，而是随着时间的推移而移动，这就是科学家们所说的第四维。

改变速度

我敢说在你玩游戏的时候，你会觉得时间过得很快，但当你在做家庭作业的时候，你就会觉得时间过得奇慢无比。不过，时间的快慢不取决于你是否喜欢正在做的事，而是取决于你所在的位置和你移动的速度。

我有两个原子钟！

当我返回家后，每个原子钟显示……

我乘坐一艘以一半光速运行的飞船把一个原子钟带到太空旅行。 → 26年

我把另一个原子钟留在家里。 → 30年

我们在改变

你一照镜子就会发现你和小婴儿时期不同，对吗？我们所有人都在变化，但变化的速度并不一样，因为时间的速度也会影响我们。

山顶：时钟在世界最高峰珠穆朗玛峰上运行得更快。

时间在所有行星上都一样吗？

在地球上，时间的速度取决于我们在哪里，因为有的地方的引力会稍微弱一些。科学家们得出结论，在较大的行星上，时间流逝的速度略快一些，但在较小的行星上，时间流逝得稍慢一些。

海拔低的地方：由于这里离地心较近，所以时钟走得慢一些。

想一想，做一做

你需要……

- 1个大塑料瓶
- 壁纸刀
- 你的画作或照片
- 你不用的小玩具
- 你最喜欢的东西的清单
- 4年内能令你感到惊讶的任何物品
- 胶带
- 空白纸
- 记号笔

时间胶囊

1. 在一位成年人的帮助下用壁纸刀切开瓶口部分，塞入你选的所有物品；然后用胶带把瓶子的两部分粘起来，使其密封，不让任何人打开它。
2. 在白纸上写上你的名字、年龄和打开胶囊的日期，用胶带把它粘贴到瓶子上。把瓶子保存在安全的地方，直到打开的那一日。你一定会感到很有趣！

回答

不！

我们可以穿越时空吗?

我们喜欢旅行，为了旅行，我们乘坐汽车、飞机或船。但是……如果我们想进行时间旅行呢?

到未来旅行!

为了穿越时间，我们必须创建一台特殊的机器。如果我们仅仅想去未来，事情可能更容易些，我们只需要一台能够以接近光速的速度运行的机器，就能穿越到未来，因为机器速度太快，我们在未来旅行时，时间的流逝会变慢，以至于当我们重回地球时，我们几乎不会变老，而此时地球上可能已经过去许多年了。

时间旅行——虫洞

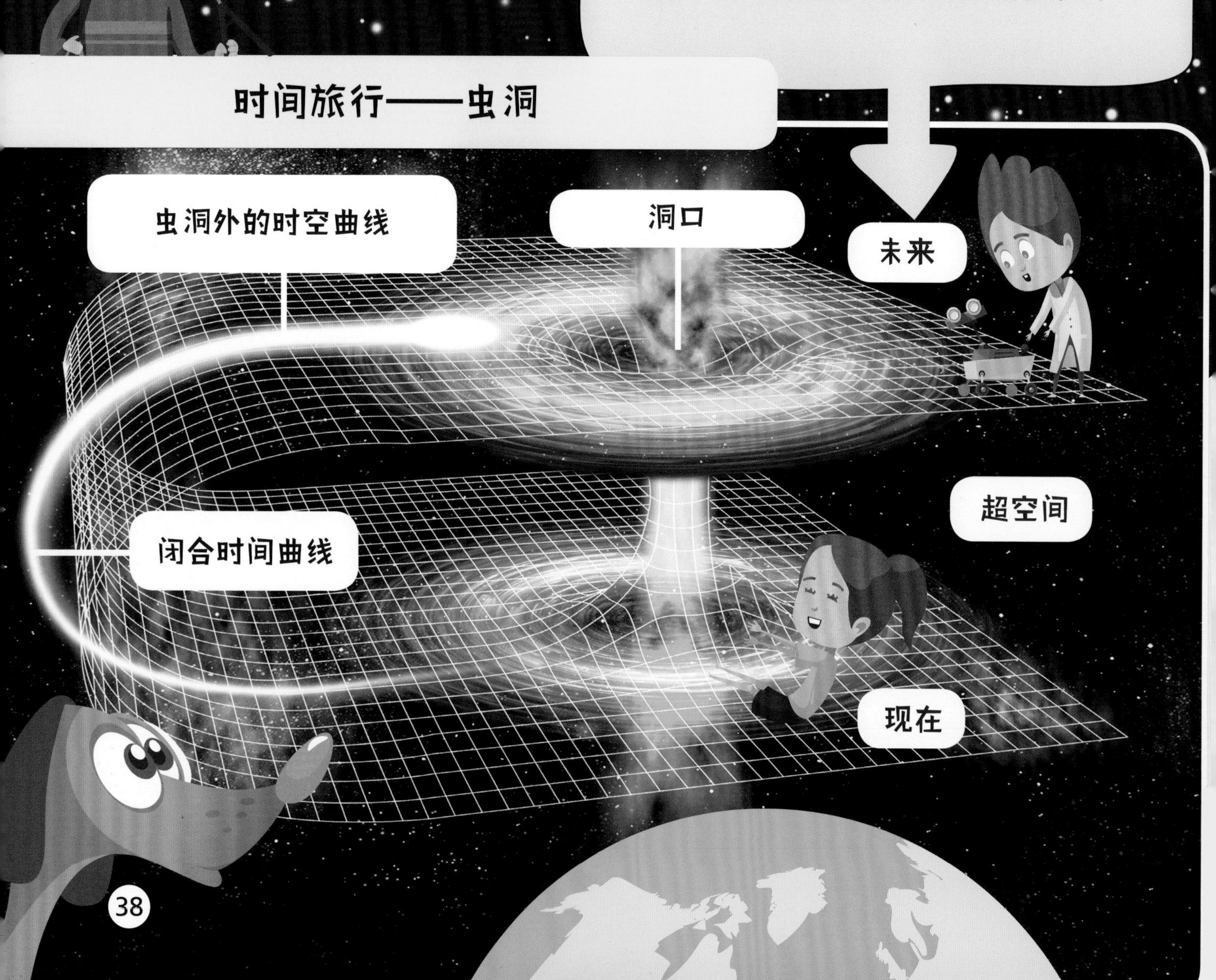

一切皆有可能，只要你敢想！

虫洞与黑洞不同，虫洞指的是宇宙中可能存在的联结不同时空的狭窄隧道，是一个概念假设，我们尚未找到虫洞。不过我们不能忘记，我们的宇宙还很年轻，还有很多东西有待挖掘！

想象力

尽管现实中我们还不可能乘坐时光机畅游过去和未来，但是人类有无穷无尽的想象力，我们可以创造新世界，有朝一日一定能如愿以偿穿越时空。

回到过去旅行

科学家们提出一个假想概念：宇宙中存在虫洞，那是一个时空折叠的区域，是联结不同时空的狭窄隧道，犹如一条让我们实现时空穿越的捷径。如果你想回到过去旅行，只能创造一个虫洞，然后通过虫洞穿越，不过如今我们尚未发现虫洞的存在，那该如何创造虫洞呢？

想一想，做一做

你需要……

- 1个鞋盒
- 胶水
- 白色或彩色的纸
- 瓶塞
- 彩色记号笔
- 一些塑料杯

时光机

1. 把鞋盒的盖子粘在盒子上，用纸把鞋盒包上，就像包礼物一样。给“时光机”的正面（鞋盒盖子的部分）涂颜色。可以用瓶塞做眼睛和嘴巴，把“时光机”打造成机器人一样，也可以在上面画一些按钮和带有数字的按键，用它们可以选择你要去的大洲和国家，以及年份。
2. 然后为“时光机”装配件：在鞋盒的侧面粘上塑料杯，当作你的对讲机！
3. 接下来考虑你想去的国家和年份。想想那里天气炎热还是寒冷，有哪些动物，生活在那里的人讲什么语言，有哪些名胜古迹……

行星的颜色各不相同吗?

你一定见过各种各样行星的照片或者图片吧，它们的颜色都不一样。之所以这样是因为它们的材质各有不同，表面和大气吸收、反射阳光的方式也不一样。

火星

火星是红色的，因为它上面覆盖着含有氧化铁的粉尘。

金星

金星看上去是黄色的，因为它被浓厚的二氧化碳和硫酸云覆盖着，当它被阳光照亮时，就会呈现这种色调。

地球

从太空上看，地球非常美丽：蓝色的海洋，绿色的森林，棕色或黄褐色的沙漠，不过有时云层会混淆我们的视线，让我们误以为在撒哈拉沙漠或亚马孙河中有很多雪。

水星

水星的颜色为灰褐色，因为水星的岩石表面由融化了的硅酸盐石头构成，上面覆盖着厚厚的一层灰尘。

土星是黄褐色的，因为土星外部的大气主要由氢和氦组成，也有少量氨、磷化氢、水蒸气和碳氢化合物，所以会使它呈现出特殊的颜色。

海王星

土星

天王星

天王星呈蓝绿色，因为它的大气中氢气和氦气与甲烷气体混合在一起，甲烷吸收了太阳光中红橙光的部分，而蓝绿光就透过去了，所以天王星看起来是蓝绿色的。

海王星呈浓烈的蓝色，成因与天王星相似，在它的大气层中，也混有氢气、氦气，以及少量的甲烷气体。

回答

是！

木星

木星是一个巨大的气体行星，其外部大气大部分由氢气、氦气组成，还有少量水、冰晶、氨和其他元素。这些粒子形成的云会让木星呈现白色、橙色、棕色和红色的色调。

想一想，做一做

你需要……

- 黑色卡纸
- 白色铅笔
- 不同大小、不同颜色的球

太阳系

1. 我们将建立一个太阳系模型。首先用白色铅笔在黑色卡纸上画几个同心圆，表示不同行星的轨道。然后用大小、颜色各异的球代表各个行星，把它们放在相应的位置。
2. 完成后，可以把这个模型当作游戏板，例如，可以胡乱摆放行星的位置，然后把它们纠正；或者可以少放几颗行星，找出缺的是哪几颗。

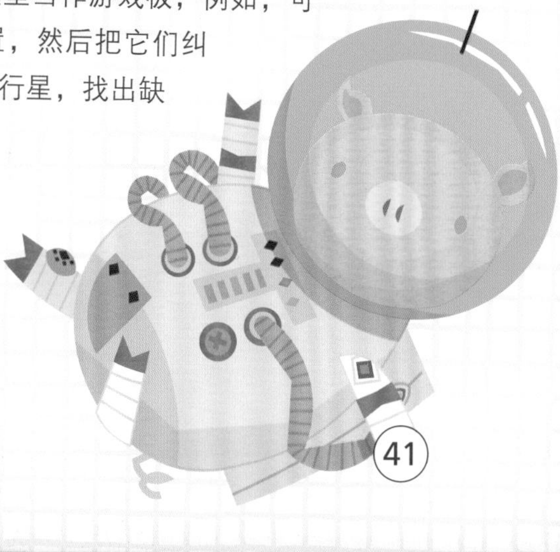

我们已经认识了所有的行星吗?

长期以来，科学家们一直把不能自己发光，绕着恒星在椭圆轨道上旋转的天体称为行星，例如绕着太阳旋转的太阳系各行星。

岩石行星

在太阳系中，太阳是恒星，又大又亮；水星很小；金星总是被乌云笼罩；地球上有河流、动物和人类；火星是一颗红色的星球，你可以在它表面行走，因为它是一颗岩石行星。

巨型行星

火星之外有一条小行星带，由一堆大小不同的岩石组成，被认为是未能成形的行星的岩石碎片。再往外是木星、土星、天王星和海王星，它们很大，但你不可能踩在它们表面，因为它们是由气体构成的。

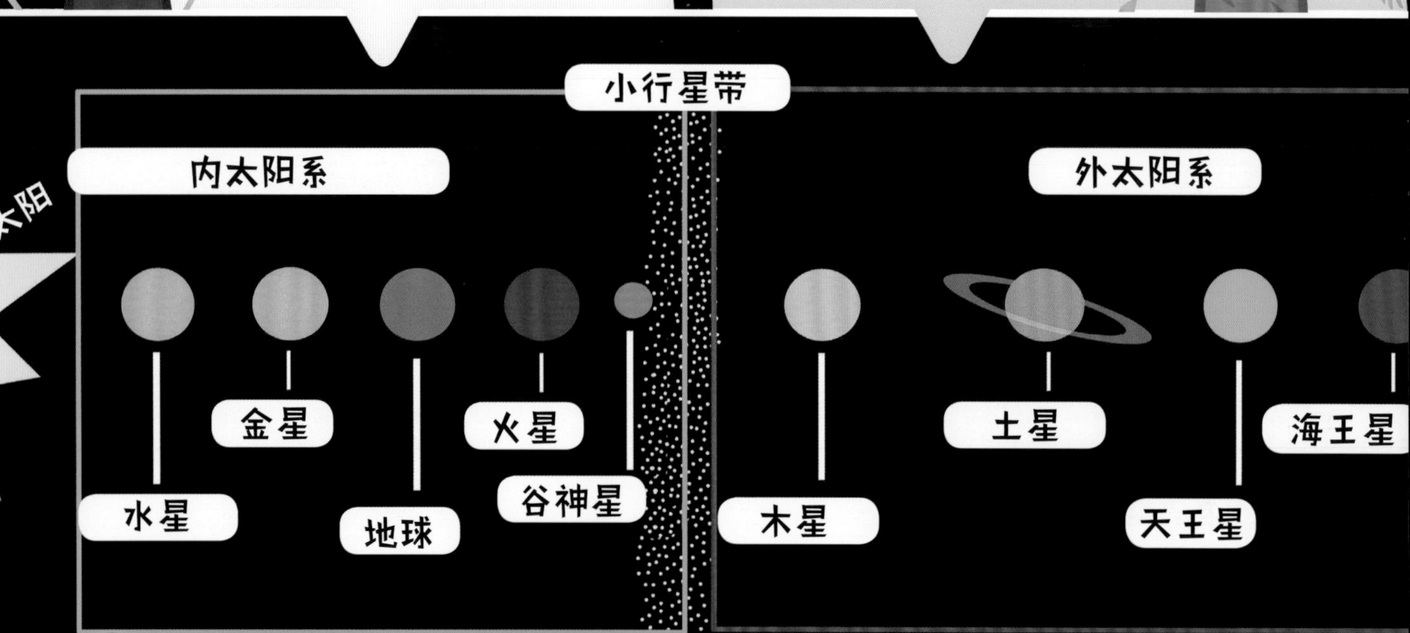

回答

不！

矮行星

再往外是冥王星，它很小，在它身边陪伴着太阳系最遥远的“行星”们：妊神星、马克马克星和阋神星。这几颗“行星”是矮行星，事实上太阳系矮行星的名单越来越长，宇宙尚有许多问题有待我们研究。

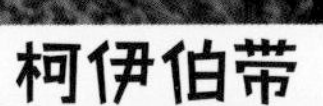

想一想，做一做

你需要……

- 不同大小的石头
- 刷子
- 白色丙烯颜料
- 1个塞子
- 铅笔和橡皮
- 彩色记号笔
- 清漆
- 胶水和磁铁（可选）

石头组成的太阳系

1.洗净并擦干每块石头。把最大的石头当作太阳，其他的石头代表行星。如果代表太阳的这块石头的颜色较深，可以用白色颜料在它上面画一个圆圈，表示它在发光发亮。让它静置，晾干颜料。

2.将塞子作为模板，用铅笔在代表行星的石头上勾勒圆形形状，用彩色的记号笔给这些行星上色，请回顾前文，查看每个行星的颜色。

3.最后，如果你想的话，给所有石头都涂上一层清漆，还可以在每一块石头背面都贴一块磁铁。现在，你只需要按照它们在太阳系中的位置为它们排序就可以了！

一个名单不行，两个才行！

科学家们认为最好列出两个名单：一个行星名单，一个矮行星名单，专门列出谷神星、冥王星这样的矮行星。

宇宙中有很多卫星吗？

其实，有一些不发光的天体会围绕着行星旋转，它们也会反射恒星发出的光，所以看起来并不暗淡，科学家们称这些天体为卫星。

人造的和天然的

天然卫星由石头和气体等物质组成，受行星引力的影响，绕行星旋转。人造卫星是人类发明创造的，可以绕地球和其他行星旋转，人造卫星可以给我们提供宇宙相关的数据，传输信息，进行通信，等等。

地球

有几颗卫星？

大多数的行星周围都有卫星绕着旋转，就像月球绕着地球旋转一样。但是并不是所有的行星周围的卫星数量都相同，还有一些行星，如水星和金星，它们没有卫星。科学家们专门制作了一张卫星列表，相关数据显示太阳系中至少有181颗卫星。

它们来自哪里?

科学家们和你一样充满好奇心，他们喜欢研究许多未知事物的起源和成因。不过对于卫星的起源，他们尚未达成一致，他们提出了一些不同的论调：

- 卫星与它们绕着运行的行星一起形成。
- 随着卫星的进化，它们会脱离原来的行星。
- 卫星是被主行星捕获的，被迫围着主行星旋转。

所有卫星都有名字

我们知道地球的卫星叫作“月球”，而其他行星的卫星，我们习惯用序号来称呼，比如木卫一、土卫六，但其实它们也都有自己的名字，一般会用神话中的诸神的名字或者其他人物的名字来命名。

回答

是！

想一想，做一做

你需要……

- 400克小苏打
- 金色和银色闪粉
- 黑色丙烯颜料
- 水
- 苹果醋或柠檬汁
- 1个碗

月球岩石

1.在一个碗中混合小苏打、闪粉和少许颜料，并一点一点地往碗里加水，直到能把这些材料混合成糊状为止。
2.用糊糊制作不同大小的球；它们不需要是很完美的球体，最好是不规则的。然后把这些球静置约12个小时，让它们彻底干透。
3.等它们彻底变干后，在它们上面滴几滴苹果醋或者柠檬汁，制造专属于月球的陨石坑。

月亮的大小总是一样吗？

月球是地球不可分割的伴侣，它一直围绕着地球旋转，是地球的天然卫星。它是在一个非常大的物体撞击地球，发生了爆炸后形成的，当时爆炸产生的岩石结合在了一起，并受地球引力影响开始围绕着地球旋转。

满是疤痕

你可以用双筒望远镜或者天文望远镜看到月球的表面布满了大坑、环形山，以及像伤疤一样的纹理，这也许是因为月球上没有水，没有空气，也没有任何可能侵蚀它的活动发生，所以月球一直维持着最初形成时的样子。不过嘛，它上面有一个很新的脚印，那是第一个踏上月球的人类的脚印。

我们只能看到一部分

当你从正面观察你的朋友时，你看不到他的后背或后脖子，但这并不意味着他没有。同样的事情也发生在月球身上，我们一直只能看到它的一部分，隐藏着的部分我们看不到，之所以如此是因为月球绕地球旋转的同时自身也在旋转，且方向、周期相同，所以月球永远只用同一面朝向地球，我们也只能看到这一面反射了太阳光的那一部分。

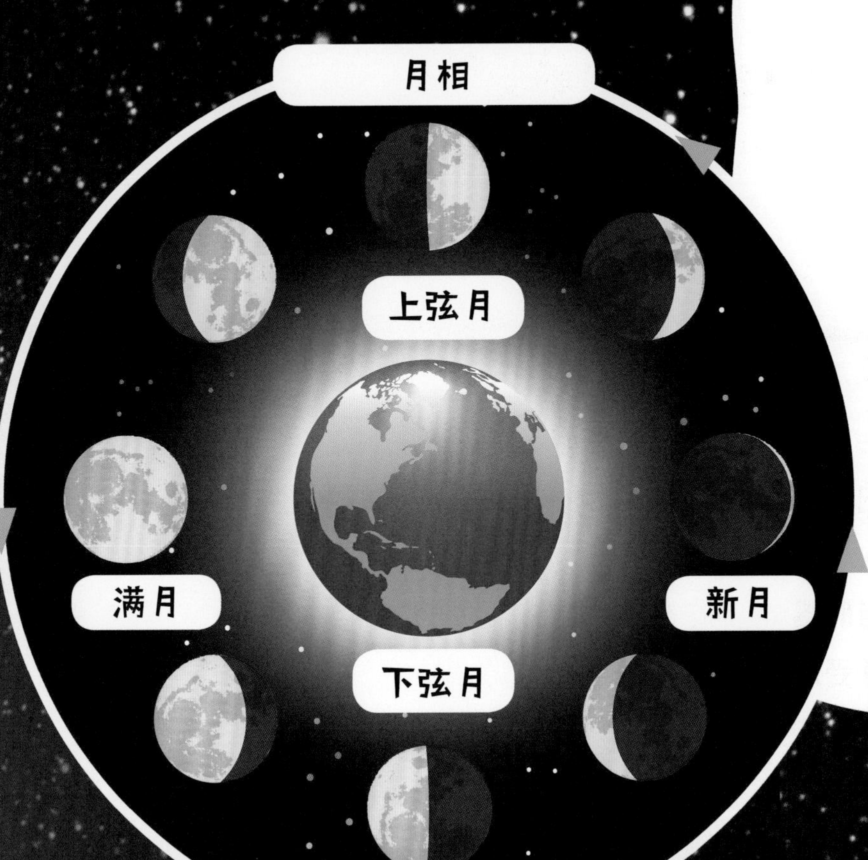

每天都在变化

如果你每天都看月亮，你会发现它每天都会变化一点点，这是因为太阳、地球、月球三者的相对位置在一个月中有规律地变化，所以我们每天看到月亮接收阳光、反射阳光的部分也总在变化。科学家们把这种现象称之为月相。

想一想，做一做

你需要……

- 卡纸
- EVA闪光泡沫纸
- 铅笔
- 2个开口直径不同的杯子
- 1根绳子
- 胶水

月亮的变化轨迹

1. 在卡纸上画出不同的月相（用杯子帮助自己完成）。你总共需要5个图形：一个完整的圆形，两个C形，两个D形。画完后在它们的一面贴上EVA闪光泡沫纸，然后按照形状剪下来。
2. 现在，月亮要开始变化啦：剪出一截绳子，在C形的卡纸面上涂胶水，然后把它粘在绳子上，只要把EVA闪光泡沫纸的一面翻过去，就表示这部分看不见。然后把每个图形都按照上述步骤粘上绳子。现在你就有了漂亮的卧室装饰品了，你可以把它挂在任何地方。

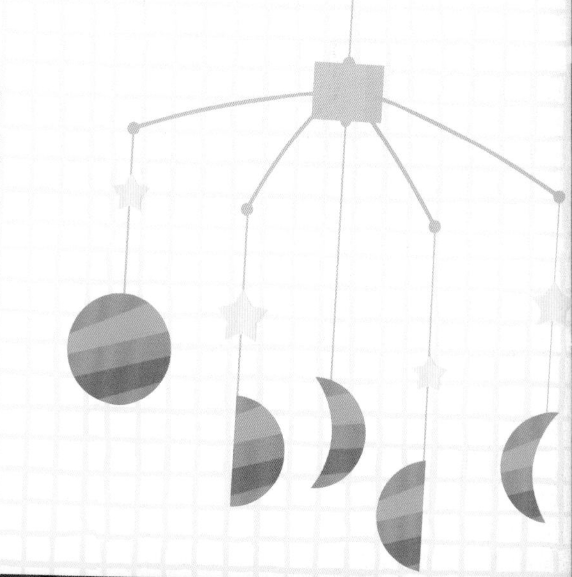

外星人存在吗?

你肯定曾经听到过接收外星人发出的信号、和外星人合影、去外星人家里做客之类的事情吧……这些只是某些人在痴人说梦吗？你曾经想象过类似的事情吗？外星人真的存在吗？

太阳系很大

天文学家们研究了靠近我们的行星，还分析了最近发现的小行星，他们甚至将目光投向了太阳系之外，不过目前还没有发现任何外星人！

登上月球！

我们已经登上过月球，不过我们其实不仅登上过这颗每晚都能见到的星球，我们还抵达过更远的地方——木星的最大卫星之一，木卫二（Europa，也称作“欧罗巴”）。那里全都被冰覆盖着，也许下面有一个非常大的地下海洋，可能存在微生物和非常小的动物，与我们星球非常类似。

在其他地方？

最早的时候，我们认为地球是宇宙的中心，直到17世纪，尼古拉斯·哥白尼意识到地球不是中心，太阳才是，于是地球成了行星。又过了200年后，科学家们逐渐意识到在太阳系外还有其他的行星和“太阳”。在20世纪90年代，科学家们首次观测到了太阳系外的其他行星。

回答

也许……

我们一直在探索！

宇宙非常大，举个直观的例子，宇宙中的恒星比沙滩上的沙子还要多，另外还有许多行星围绕着这些恒星旋转……所以你可以想象出来，也许其中就有和地球一样的行星，上面有居民生活，只是我们现在还无从知晓，也从未见过。

想一想，做一做

你需要……

- 1个笔记本
- 钢笔
- 彩色铅笔和彩色记号笔

外星语—地球语词典

1. 你发现了泰坦星，因此你必须创建一本词典来与泰坦星人沟通联络。
2. 你需要考虑一些非常必要的词汇，发明相应的泰坦星语单词。你可以充分发挥想象力，比如改变英文单词的字母顺序，发明一个新词……
3. 把你发明的词按照一定的顺序写在笔记本上，并在旁边配图，表示其含义。

长期以来，我们人类一直对宇宙非常好奇，基于这份好奇，我们曾经编造了许多有关宇宙起源的神话故事。直到17世纪初，伽利略·伽利雷发明了天文望远镜，并且发现了木星周围有四个巨型卫星，人类才逐步接近宇宙的真相。这项新发现在当时简直就像科幻小说一样让人难以置信!

太空探测器

这些机器具有探索太阳系的能力：它们搜集信息并通过无线电波将其回传到地球。但是由于它们抵达的地方的环境条件都不适合人类，所以它们不会载人前往，只能进行单程旅行，持续给我们发送数据，直到报废为止。

回答

是!

射电望远镜

这是一种不受日光、雨水或云干扰的设备，用于测量某些天体发出的无线电波。相信你一定看到过它们的照片，它们是以特殊方式工作的巨型天线：餐碟状的反射面捕获无线电波并将其集中在接收机中，接收机可以放大射电信号，最后，这些信号被存储于计算机中，供科学家们研究。

想一想，做一做

你需要……

- 2个塑料放大镜

制作望远镜

1. 两只手各握住一个放大镜，把一个放大镜的凸透镜放在另一个放大镜的凸透镜的前面。
2. 保持这个姿势，将它们对准某个物体。为了能够清楚地看到所选的对象，你必须调整两个放大镜之间的距离，直到可以看清楚对象为止。

太空望远镜

如果我们在地球上使用光学望远镜观看太空，来自太空的图像可能会有些模糊，因此科学家们在太空中设置了随时随地都可以工作的太空望远镜，它们不像地球上的望远镜那样只能在夜间工作。这些太空望远镜可以一直拍摄宇宙中的照片，然后把数据传回到地球上特定的接收站。

我们可以太空漫步吗?

在地球上，引力把我们向下拉扯，使我们的脚可以踩在地面上行走。不过在太空中，情况就不是这样的，我们会失重。

我们可以在太空中散步吗?

为了能够在太空中散步，宇航员需要穿着特定的服装：

1.内着水冷内衣，头上戴头盔，头盔上往往带有灯、照相机和对讲机，用来与同事沟通交流。

2.身上穿白色的航天服，非常厚，可反射太阳的热量。

3.手上戴手套，手套上带有小的加热器。

4.背一个可以控制温度、提供氧气的背包。

没有重力我们该怎么办?

宇宙飞船中没有重力，所以里面的物体会飘浮起来。为了进食，宇航员只能吃脱了水的袋装食物；如果他们要喝水的话，需要从塑料口袋，或者类似于牙膏管的软铝管中，把液体一点一点挤进嘴里。

特殊的“停车场”

在太空中距离地球比较远的地方，我们安装了与足球场一样大的空间站。它有太阳能电池板，可以把太阳的能量转化为电能。空间站就像供宇航员休息的房子一样，这里有乘员舱、飞船对接停靠的区域、浴室，甚至健身房，还可以在这里进行许多实验，让我们更加深入了解太空的一切。

想一想，做一做

太空喷射器

你需要……

- 2个塑料瓶
- 1块硬纸壳
- 银色喷漆
- 红色和黄色的卡纸
- 铅笔
- 剪刀
- 胶带
- 胶水

1. 在通风的地方给瓶子和硬纸壳喷银漆。在等待银漆干燥的时候，在彩色的卡纸上画出类似于火箭喷射出的火焰的图案，把火焰图案剪下来。
2. 找一套衣服假装航天服。等纸壳和瓶子的银漆彻底干燥后，用胶带把纸壳粘在衣服的肩背部，然后把两个瓶子倒过来，口冲下，粘在纸壳上，最后在瓶口处粘上彩色的火焰，就大功告成了。

宇宙中的万物有主人吗？

很久很久以前，欧洲人第一次发现美洲，并扩充了他们对世界的认识的时候，有着很多海盗，我想你一定认为他们截获一艘船后，做的第一件事就是打劫船上的钱财和珠宝吧？但事实并不是这样……

技术型海盗

当海盗们成功截获一艘船后，他们登上船后的第一件事其实是去船长的指挥舱掠夺地图和六分仪，以及任何种类的导航仪，总而言之，有些海盗更在乎技术。

名望和财富

海盗们之所以对地图和工具感兴趣，是因为这些东西可以帮助他们挖掘新的贸易路线，使他们能够找到有价值的东西，并把东西卖出去。

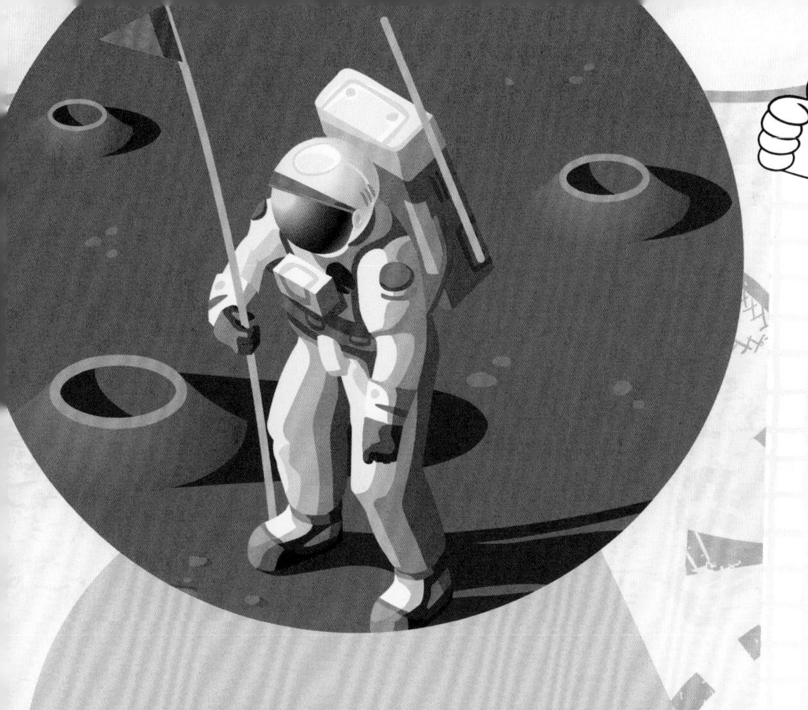

太空竞赛

许多国家都在极力寻找其他星球上的生命痕迹，梦想将自己的国旗悬挂在行星或卫星上。那些地方也许有大量的水、燃料或原材料，这些可能正是我们地球上逐渐变得稀缺的资源！实际上我们的资源正在消耗殆尽！

地球没有主人

各个行星和宇宙中的万物都没有所有者。不过如果地球上的一切属于外星人，外星人虽然允许我们生活在地球上，但是需要我们不断付出劳力，情况会怎样呢?

想一想，做一做

你需要……

- 1个卫生纸里的纸筒
- 彩色卡纸
- 剪刀
- 胶水
- 胶带
- 1块硬纸壳
- 彩色记号笔
- 装饰胶带

太空火箭

1. 在卫生纸纸筒外裹上一层彩色卡纸，然后在卡纸上涂上颜色。
2. 从硬纸壳上剪出3个小梯形，作为火箭的底座（下底长7厘米，上底长4厘米，高6厘米）。在卫生纸纸筒一端剪出3个插槽，以便将这些小梯形插进去，你可以把纸筒想象为一个时钟，3个插槽分别位于12点、4点和8点的位置。
3. 在硬纸壳上剪出1个直径为8厘米的圆，在圆的边上，向圆心剪出一个凹槽，然后把它折成一个锥形，用胶水固定住。把这个锥形粘在火箭的顶部。
4. 给你的火箭上色，并用装饰胶带进行装饰。

太空中有垃圾吗？

我们制造了人造卫星来改善通信，预知未来的天气，从外太空观察我们的星球……但是这些卫星都在太空中留下了些许痕迹。

它们在飘浮

我们管太空中围绕在地球轨道上没有用的人造物体叫“太空垃圾”。当有东西发射到太空中时，太空船上掉落的残骸，比如一些火箭和飞船的残骸、油漆碎片等，不会返回大气层，而会继续在太空保持飘浮状态。

落在地球上

每一天，都有火箭或者人造卫星产生的碎片摆脱在宇宙中飘浮徘徊的命运，有幸重返大气层，坠落到地球上的海洋或人迹罕见的荒芜地区。

太空垃圾以超过27000千米/小时的速度运行！

回答

是！

想一想，做一做

人造卫星

1.在一位成年人的帮助下，把2根长签子固定在较大杯子的底部，形成十字架的形状。
2.用硬纸壳剪出4个长方形，用铝箔把它们分别包裹起来，按照自己的喜好装饰它们，然后在成年人的帮助下把它们穿在签子上。
3.把小杯子口对着大杯子口，塞进去。然后你就拥有自己的卫星啦，你可以按照自己的心意，继续加以装饰。

你需要……

- 2个大小不同的塑料杯（一个可以放在另一个里面）
- 2根长木签子
- 硬纸壳
- 铝箔
- 彩色的纸
- 记号笔

我们必须照顾地球！

正如我们的星球上满是垃圾一样，现在太空中的情况也是如此，因此我们必须加以注意，否则这些垃圾可能会损害地球。我们为了了解宇宙，必须要继续建造这类物体，但是我们必须要研究如何控制垃圾的产生。

一个非常特殊的设备

“回收”不仅在地球上很重要，在太空中也同样重要。日本人发明了一种带网或系绳的装置，由铝和钢线制成，可以降低太空中垃圾元件的速度，并把它们从地球轨道上移除，不是把它们重新带回地球，而是想办法在太空中摧毁它们。

每个天文学家都应该知道的事……

光年：光在真空中沿直线传播一年时间所经过的距离。

小行星：绕太阳公转的金属或岩石小型天体。

天文学家：研究恒星、行星、卫星和太空中一切事物的人。

大爆炸：根据许多科学家的说法，宇宙是由一个奇点忽然爆炸膨胀后形成的。

燃烧：一种化学反应，某些物质与氧气结合产生光和热的现象。

陨石坑：指从太空坠落的大型物体（例如小行星）在地面上砸出的坑洞。

银河系：银河系中包含恒星、尘埃和气体云，当然也集中着大量的行星，其中就包含太阳系中的恒星和行星。

引力：一切有质量的物体之间产生的互相吸引的作用力。它是地球围绕太阳运动的原因，也是月球围绕地球运动的原因。

无线电波：电磁波的一种，经常被用在通信行业，宇宙中也有某些天体可以发出无线电波。

轨道：一个行星或物体围绕着另一个行星或恒星运动时所遵循的路径。

物质：宇宙中所有具有质量并占据空间的物体。

太阳系：太阳通过巨大的引力让周围的天体围之运动的天体系统，包括八大行星，如水星、金星、地球、火星、木星、土星、天王星、海王星，还有小行星、彗星等。

超新星：爆炸的恒星，释放大量的光和能量，将大部分物质排入周围的空间。

望远镜：一种科学仪器，可以集中光线并让我们能够观察和研究远处的物体。

宇宙：泛指存在的所有空间、时间，和里面存在的一切。

图书在版编目（CIP）数据

有意思的百科知识课堂. 天文学 / (西) 贝林·加科瓦·马丁著 ; 李沛姿译. — 北京 : 北京时代华文书局,2020.12

ISBN 978-7-5699-4003-9

Ⅰ. ①有… Ⅱ. ①贝… ②李… Ⅲ. ①自然科学—普及读物②天文学—普及读物 Ⅳ. ①N49②P1-49

中国版本图书馆CIP数据核字(2020)第263937号

北京市版权局著作权合同登记号　图字：01-2019-7832

有意思的百科知识课堂　天文学

YOU YISI DE BAIKE ZHISHI KETANG TIANWENXUE

著　　者 | ［西］贝林·加科瓦·马丁
译　　者 | 李沛姿

出 版 人 | 陈　涛
选题策划 | 许日春
责任编辑 | 沙嘉蕊
责任校对 | 凤宝莲
装帧设计 | 孙丽莉
责任印制 | 訾　敬

出版发行 | 北京时代华文书局 http://www.bjsdsj.com.cn
北京市东城区安定门外大街138号皇城国际大厦A座8楼
邮编：100011 电话：010-64267955 64267677
印　　刷 | 北京盛通印刷股份有限公司　010-52249888
（如发现印装质量问题，请与印刷厂联系调换）
开　　本 | 889mm×1194mm　1/16　　印　　张 | 3.75　　字　　数 | 74千字
版　　次 | 2022年3月第1版　　印　　次 | 2022年3月第1次印刷
书　　号 | ISBN 978-7-5699-4003-9
定　　价 | 168.00元（全3册）